Draw & Colour This:

Draw & Colour This:

Draw & Colour This:

Draw & Colour This:

Draw & Colour This:

Draw & Colour This:

Draw & Colour This:

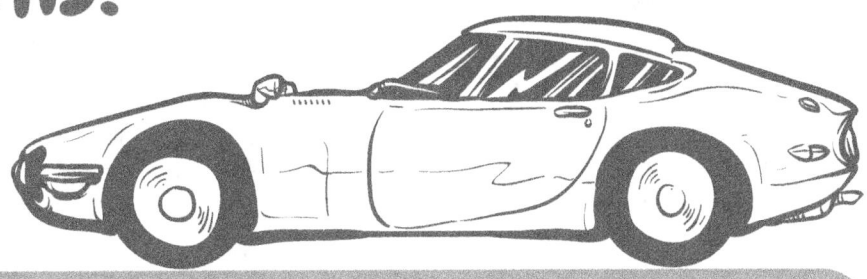

Draw & Colour This:

Draw & Colour This:

Draw & Colour This:

Draw & Colour This:

Draw & Colour This:

Draw & Colour This:

Draw & Colour This:

Draw & Colour This:

Draw & Colour This:

Draw & Colour This:

Draw & Colour This:

Draw & Colour This:

Draw & Colour This:

Draw & Colour This:

Draw & Colour This:

Draw & Colour This:

Draw & Colour This:

Draw & Colour This:

Draw & Colour This:

Draw & Colour This:

Draw & Colour This:

Draw & Colour This:

Draw & Colour This:

Draw & Colour This:

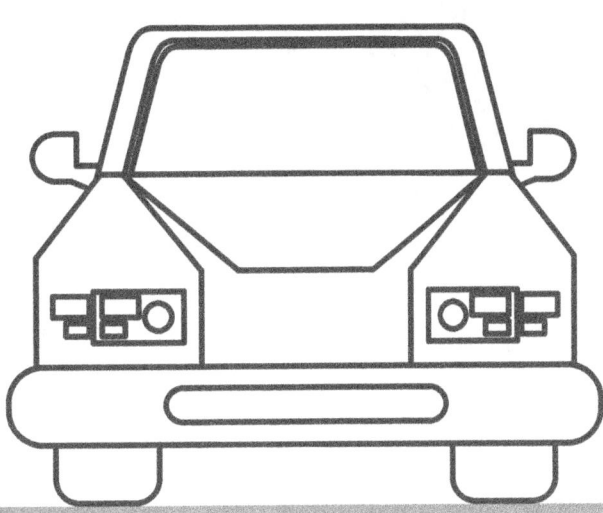

Draw & Colour This:

Draw & Colour This:

Draw & Colour This:

Draw & Colour This:

Draw & Colour This:

Draw & Colour This:

Draw & Colour This:

Draw & Colour This:

Draw & Colour This:

Draw & Colour This:

Draw & Colour This:

Draw & Colour This:

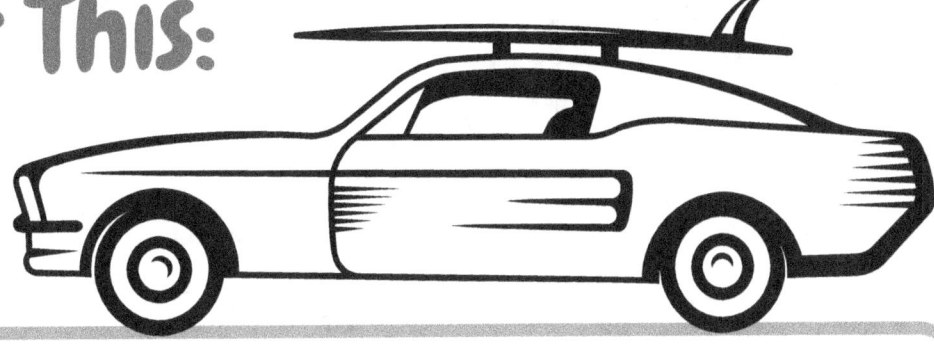

Draw & Colour This:

Draw & Colour This:

Draw & Colour This:

Draw & Colour This:

Draw & Colour This:

Draw & Colour This:

Draw & Colour This:

Draw & Colour This:

Draw & Colour This:

Draw & Colour This:

Draw & Colour This:

Draw & Colour This:

Draw & Colour This:

Draw & Colour This:

Draw & Colour This:

Draw & Colour This:

Draw & Colour This:

Draw & Colour This:

Draw & Colour This:

Draw & Colour This:

Draw & Colour This:

Draw & Colour This:

Draw & Colour This:

Draw & Colour This:

Draw & Colour This:

Draw & Colour This:

Draw & Colour This:

Draw & Colour This:

Draw & Colour This:

Draw & Colour This:

Draw & Colour This:

Draw & Colour This:

Draw & Colour This:

Draw & Colour This:

Draw & Colour This:

Draw & Colour This:

Draw & Colour This:

Draw & Colour This:

Draw & Colour This:

Draw & Colour This:

Draw & Colour This:

Draw & Colour This:

Draw & Colour This:

Draw & Colour This:

Draw & Colour This:

Draw & Colour This:

Draw & Colour This:

Draw & Colour This:

Draw & Colour This:

Draw & Colour This:

Draw & Colour This:

Draw & Colour This:

Draw & Colour This:

Draw & Colour This:

Draw & Colour This:

Draw & Colour This:

Draw & Colour This:

www.ingramcontent.com/pod-product-compliance
Lightning Source LLC
Chambersburg PA
CBHW081446220526
45466CB00008B/2522